AF589674

DISSERTATION SUR L'ASPHALTE OU CIMENT NATUREL,

DECOUVERT DEPUIS QUELQUES années au Val Travers dans la Comté de Neufchatel par le sieur EIRINI D'EYRINYS, Professeur Grec, & Docteur en Medecine.

Avec la maniere de l'employer tant sur la pierre que sur le bois:

ET LES UTILITE'S DE L'HUILE QUE L'ON EN TIRE.

A PARIS,
Chez PHILIPPE-NICOLAS LOTTIN, ruë S. Jacque, proche S. Yves, à la Verité.

M. DCC. XXI.

Avec Privilege du Roy.

PRÉFACE.

LA ſeule mine de pierre d'Aſphalte qui ait été connuë aux hommes juſqu'à preſent, eſt dans la Vallée de Sidim proche Babilone. Il eſt certain que les Anciens en ont tiré de grands avantages ; mais depuis des ſiecles entiers cette mine eſt réduite à ſi peu de choſes, qu'à peine ſes vertus ſont-elles ſçûës préſentement. Les Savans cependant n'ignorent point ſon mérite ; ils aſſurent même, que ce qui l'a beaucoup diminué dans les derniers tems, eſt la difficulté qu'il y a d'en avoir qui ſoit pure & ſans mélange, les Aſiatiques n'en laiſſant ſortir du paiïs, qu'après l'avoir fonduë avec de la poix : c'eſt-pourquoi j'ai cru que je ne pouvois donner au Public rien qui lui fut plus avantageux que la connoiſſance que j'ai des proprietés de la nouvelle mine d'Aſphalte découverte depuis peu dans la Comté de Neufchatel, & des utilités de l'huile que l'on en tire.

Il eſt très-aiſé de prouver, que l'Aſphalte étoit connu des Anciens pour un ciment à toute épreuve, & un gaudron impénétrable. Il eſt dit dans le Livre de la Geneſe au chapitre 6, verſet 14, parlant de l'Arche de

Noé, *Bituminabis eam bitumine*, Vous l'asphalterez de cet asphalte. Et au verset 3 du onziéme Chapitre, *Et Asphaltus fuit eis vice cœmenti*, Et l'Asphalte leur tint lieu de ciment. La proximité de cette mine nous doit faire croire que la Tour de Babilone étoit cimentée avec l'Asphalte. Il eut été, pour ainsi dire, impossible, qu'un bâtiment si élevé & dont les rampes étoient entierement exposées aux intemperies de l'air, eut pu résister sans ce secours. Mais sans chercher dans l'antiquité ce qui pourroit prouver la force & la bonté de l'Asphalte, je me contenterai de dire ce que j'ai vû & éprouvé, avec celui de la Comté de Neufchatel, & ce que plusieurs personnes dignes de foi m'ont assuré. Les Curieux qui suivront éxactement les differentes manieres que je leur donne dans ce petit Memoire instructif, pourront en connoître eux-mêmes l'utilité : il leur sera aisé de faire toutes les experiences à peu de frais. Je prie seulement ceux qui feront quelques nouvelles découvertes, de ne les point cacher au Public.

APPROBATION.

J'Ay lû par ordre de Monseigneur le Chancelier cette *Dissertation sur l'Asphalte ou Ciment naturel* ; & je n'y ai rien trouvé qui en puisse empêcher l'impression. Fait à Paris ce 14. Aoust 1721.

ANDRY.

DISSERTATION SUR L'ASPHALTE OU CIMENT NATUREL,

Avec la maniere de l'employer, & les utilités de l'huile que l'on en tire.

LA mine d'Asphalte qui a été découverte depuis dix années, par M. Eirini d'Eyrinys Professeur Grec, dans la Comté de Neufchatel, près du Val Travers, est pour l'Europe un trésor qui nous avoit été inconnu depuis le commencement du monde. Du moins il ne paroît pas que jamais on y ait travaillé, & que les terres qui la couvrent ayent été remuées. Cet Asphalte Européen ne differe de celui d'Asie dans aucune de ses parties. Il a l'odeur d'ambre, la couleur brune. C'est une pierre minerale, grasse & chaude, visqueuſe, & plus gluante que la poix: ſes pores ſont extrémement ſerrés, quoique remplis d'huile, & il approche fort du marbre par ſa péſanteur: effectivement il devient auſſi dur, quand il eſt fondu comme il faut; il réſiſte tellement au froid & à l'eau, qu'il n'en peut être pénétré: c'eſt ce qui a été éprouvé depuis plus de cinq années dans pluſieurs endroits de la Bourgogne & de la Suiſſe.

J'ai vû dans Soleure & dans Neufchatel des baſſins de fontaines de douze à quinze pieds de diametre aſphaltés depuis ce tems: les pierres ſont unies comme le premier jour, & elles ſont ſi parfaitement jointes qu'elles ſemblent une pierre entiere: l'eau s'y conſerve comme dans un vaſe, quoiqu'elles ſoient expoſées au chaud, au froid & à toutes les intemperies de l'air: il eſt aiſé d'en conclure que c'eſt un ciment naturel & le meilleur qu'il y ait dans le monde. Il ſert non ſeulement à joindre les pierres, il garantit encore les bois de la pouriture, des vers, & des dommages de la vieilleſſe.

Monsieur Opnor Surintendant des bâtimens de son Altesse Royale Monseigneur le Duc d'Orleans, en a fait faire les premieres expériences dans Paris. Le bassin qu'il a fait asphalter à l'Hôtel Colbert, aux Ecuries de S. A. R. peut être vû de tout le monde : il n'y est entré que cent huit livres de ciment : & la matiere n'y a point été épargnée. Si on l'avoit doublé de plomb, il eut été difficile de le faire pour mille francs.

Maniere de faire le Ciment & de l'employer sur la pierre.

IL y a plusieurs sortes de cimens artificiels dont on se sert pour joindre les pierres ; mais outre qu'ils sont fort chers, ils ne sont pas de durée : un grand nombre de personnes en ont fait les épreuves à leur dommage ; ils ont été obligés de recommencer au bout de deux ou trois années, & quelquefois moins, & de faire une nouvelle dépense, sans espérance de mieux réüssir. De tous les cimens dont on s'eſt ſervi juſqu'à preſent, on n'en peut comparer aucun à l'aſphalte ; prémiérement par la facilité de le faire ; de plus par le bon marché, & par ſa durée. Ceux qui l'employeront comme il faut, & qui ſuivront éxactement ce Memoire, peuvent compter que leurs ouvrages ſeront ſolides, & qu'il n'y aura jamais à refaire. Quand même il y auroit quelques fautes par la négligence des ouvriers, elles ſe réparent ſi aiſément ſans être obligé de rémuer les pierres, que l'on peut dire qu'il eſt facile préſentement de faire des ouvrages parfaits.

Pour former le ciment & le mettre en état d'être employé, il faut prendre la mine toute pure, & la bien pulvériſer. Pour le faire avec moins de peine & de frais, (car elle eſt fort dure) on peut l'attendrir en la mettant devant le feu, ou à ſec dans une chaudiere. Dès qu'elle ſentira la chaleur on la broyera très facilement : il vaut cependant mieux la piler froide, parce qu'en la chauffant, l'huile s'évapore, & elle perd beaucoup de ſa qualité & de ſa force.

Quand elle eſt abſolument écraſée & réduite comme du terreau, on prend de la poix de Bourgogne blanche ou noire, (la blanche eſt la meilleure :) on la fait fondre à petit feu dans une chaudiere de cuivre, ou de fer : quand la poix eſt entiérement fonduë, il faut prendre garde que le feu n'y prenne : on y mêle peu à peu l'aſphalte en le rémuant continuellement avec un bâton ou ſpatule, juſqu'à ce que l'incorporation ſoit faite : on le voit parce que l'aſphalte doit être liquide comme de la bouillie : la doze de la poix eſt la dixiéme partie ; c'eſt-à-dire qu'il faut neuf livres de mine & une livre de poix pour former le ciment dans ſa perfection.

Mais comme il peut arriver par la lenteur des ouvriers que le ciment languiſſe ſur le feu & devienne trop épais, il faudroit y remettre un peu de poix, s'il n'étoit pas aſſez fluide : car il faut qu'il ſoit coulant quand on le veut mettre dans des fentes étroites : le deſſus de la chaudiere ſera le meilleur pour cela, & le fond pourra ſervir très utilement quand on aura de grandes ouvertures à remplir, c'eſt-à-dire aſſez grandes pour qu'on puiſſe le preſſer avec un fer chaud comme je le dirai ci-après. Il eſt bon d'obſerver que le ciment ſe doit couler auſſi promptement que le plomb fondu : car il réfroidit dans l'inſtant & ſe durcit comme la pierre. C'eſt pourquoi il réüſſit beaucoup mieux en Eté quand les pierres ſont échauffées par le Soleil ; il s'attache, ne ſe gele pas ſi vîte, & pénetre plus facilement dans les fentes, que l'on laiſſe pour cet effet, ou qui ſont déja faites, & que l'on veut reboucher : l'eſſentiel eſt que les pierres que l'on veut joindre ſoient bien ſeches & bien nettes de pouſſiere & de ſable.

Par exemple ſi l'on veut reboucher des trous ou des ouvertures à une vieille terraſſe dont les pierres ſont disjontes, il faut commencer par gratter & bien balayer tout le plâtre ou la pouſſiere qui peut y être : après cette premiere opération, ſi c'eſt en Eté que les pierres ſoient chaudes, il faut y couler l'aſphalte bien liquide, & le laiſſer un quart d'heure ſans y toucher pour qu'il perde un peu de ſa grande chaleur : on n'aura pas de peine à le faire entrer dans ces fentes, ſi elles ſont à plat ; mais ſi elles étoient dans les côtés de la terraſſe, dans la muraille, il faudroit faire un conduit le long de la fente avec la terre glaiſe, auquel il faudra faire, s'il eſt long, de petits trous de diſtance en diſtance, & le fermer par le bas, afin qu'il puiſſe s'emplir : quand ce conduit ſera plein, & la fente par conſéquent, il faudra le laiſſer refroidir ; après quoi on détachera la glaiſe ; & l'on verra que le ciment aura rempli l'ouverture ; mais qu'il débordera de l'épaiſſeur dont aura été le vuide du conduit de glaiſe. Prenez alors un fer chaud ou une loupe, & la gliſſez le long de votre ciment ; vous enleverez aiſément le ſuperflu, qu'il faudra mettre à part, car il ſervira encore fort bien. Ce fer chaud fait deux biens, il ôte ce qui eſt de trop, & polit le reſte, en le forçant de s'attacher plus étroitement avec la pierre.

Si les pierres ſont bien ſeches, on peut faire les joints montans bien plus facilement, en y jettant l'aſphalte avec une truelle, comme on feroit du plâtre : il faut obſerver de remplir d'abord le haut du joint : quand il ſera plein, il faudra y paſſer une loupe chaude pour le preſſer dans la fente & l'unir en même tems. On peut en uſer de cette maniere pour racommoder les vieilles terraſſes expoſées au Soleil, de même que les baſſins, reſervoirs ou aqueducs.

Si l'on vouloit aſphalter une terraſſe que l'on feroit à neuf, il faudroit faire tailler les pierres de maniere qu'elles laiſſaſſent en haut une ouverture de joint d'un pouce ou un pouce & demi de profondeur ſur un tiers de pouce de large pour y pouvoir couler facilement l'aſphalte. Si l'on vouloit aſphalter en poſant les pierres, il faudroit qu'elles fuſſent taillées à joints recouverts avec une rainure en deſſous d'environ un demi-pouce quarré. Cette façon d'unir les pierres eſt ſans doute la plus propre, mais comme les frais en ſeroient grands, je ne l'indique qu'aux marbriers, qui par ce moyen pourroient tailler leur marbre à vive arête, & cacher abſolument le joint.

L'on pourroit encore faire des baſſins, réſervoirs, citernes, & terraſſes même, ſans employer des pierres de taille; & cette façon qui coûteroit moins que les autres, ſeroit auſſi ſolide & auroit ſa beauté: il faudroit commencer par faire une bonne aire à chaux & à ſable, à laquelle on donneroit une pente inſenſible pour jetter l'eau du côté où ſeroit la fuite. Quand ce premier plancher ſeroit ſec & en état de recevoir le ciment, on le carreleroit avec des carreaux à ſon choix, que l'on joindroit enſemble, même en compartiment, la brique feroit un corps plus ſolide & plus fort: ſi c'étoit un baſſin rond, les pierres de taille conviendroient mieux pour l'enceinte, mais pour un quarré d'eau ou un canal, les briques feroient le même effet. Il eſt inutile dans cette occaſion de faire un fond de glaiſe ſous le baſſin : car ſi les joints ſont fermés éxactement, il n'en pourra jamais ſortir une goutte d'eau.

Si le premier jour qu'on aura rempli ſon réſervoir on s'appercevoit que l'eau eut quelque fuite, il ſeroit aiſé de connoître l'ouverture que les ouvriers auroient laiſſée par négligence, il faudroit bien boucher l'entrée & la ſortie de l'eau, puis y jetter des plumes, le courant de l'eau les attireroit du côté où ſeroit l'ouverture. Quand on l'aura découverte, il faudra laiſſer vuider le réſervoir & le racommoder en y paſſant le fer rouge, comme nous avons dit ci-deſſus : s'il y manquoit du ciment, on en pourroit remettre, car il ſe lie facilement, quoique refroidi : quand même le fond du baſſin ſeroit de pavés ordinaires, l'eau ne pourroit ſe perdre ſi l'on avoit coulé de l'aſphalte entre les pavés, ou que l'on y eut fait un enduit de ce ciment ſur toute la ſuperficie.

Quand le ciment d'aſphalte eſt fait éxactement, il réſiſte également au chaud & au froid : la plus grande ardeur du Soleil, ni la gelée la plus forte n'y peuvent faire aucun dommage. Je crois avoir trouvé la chose du monde la plus avantageuse pour le public, principalement pour Paris, où l'eau des puits n'est pas supportable par la communication qu'ils ont avec les latrines. Il seroit à souhaiter que l'on fit asphalter non seulement les caveaux que l'on a fait à neuf pour cet usage, mais même que l'on n'en fit raccommoder aucun, sans y faire un enduit de ce ciment: on verra par la description que je vais faire des Mathamores ou greniers en terre, qui sont en usage dans quelques endroits de l'Asie, que ces sortes d'enduits se feront très facilement & sans beaucoup de frais. Si ce secret avoit été connu de nos peres, il n'y auroit pas une place de guerre, ni même une ville, où l'on n'eut fait un nombre de ces souterrains, soit pour y conserver les grains, soit pour y enfermer les poudres. Il est incontestable que les bleds ne germent & ne pourrissent dans les greniers que par la trop grande chaleur, ou par l'humidité. Outre ces deux inconveniens, qui causent tous les ans une perte infinie de grains, quelle destruction n'en font pas les rats, les souris, les charençons * &c? & pas un de ces animaux ne pourroit pénétrer des remparts d'asphalte. Je ne cite pas seulement sa dureté, mais encore sa qualité qui leur est absolument contraire: un chacun le peut éprouver à peu de frais.

Je dirai dans ce petit Memoire toutes les expériences que j'ai faites à ce sujet, afin de ne rien laisser ignorer de ce qui peut servir à de nouvelles découvertes avantageuses au public. Mais pour ne pas faire de digression, je tâcherai de mettre chaque chose en son rang. Revenons donc à ce qui régarde le ciment, & parlons des Mathamores.

* Charençon, petit insecte fait comme une punaise, qui s'engendre & se nourit dans le grain de bled: il en mange toute la farine, & il n'y laisse que le son. En latin *Curculio*.

Mathamores ou Greniers en terre, où l'on peut conſerver les grains pendant pluſieurs années ſans être obligé de les remuer.

LEs habitans des environs de Sidim ont de ces Mathamores où ils conſervent leurs bleds pluſieurs années ſans y toucher, & qu'ils n'ouvrent que quand ils en veulent tirer leurs grains pour les conſommer d'abord. Ce ſont des caves ou foſſes voutées & cimentées de toutes parts, qui n'ont d'ouverture qu'au haut de la voute, & dans leſquelles on deſcend avec une échelle. Cette ouverture ſe ferme avec une ſeule pierre, dont on cimente legerement les jointures pour la lever plus facilement quand on y veut entrer. L'air ni l'eau n'y peuvent pénétrer, & les grains n'y ſouffrent aucunement par la chaleur ni par l'humidité. Ces voutes ſont chargées d'environ trois pieds de terre, & ils recouvrent la pierre & la chargent au niveau du reſte du terrain, de maniere que rien ne paroît en dehors. Si l'on faisoit des souterrains de pareille nature dans les places de guerre, il seroit nécessaire de les charger assez pour les mettre à l'abri de la bombe.

Comme l'enduit d'asphalte paroîtroit difficile à faire sur une muraille absolument perpendiculaire, il seroit bon de donner à ces murs un talu intérieur d'environ un demi-pied sur douze pieds, c'est-à-dire que le fond de la cave se trouveroit plus étroit de l'épaisseur du talu que le haut de la muraille où seront appuyées les premieres pierres de la voute. Cette épaisseur de mur, qui se trouveroit de plus par en bas lui donneroit plus de force pour soûtenir l'effort & la pesanteur des terres : des souterrains de cette sorte seroient très bons pour conserver les poudres : elles n'y prendroient aucune humidité : les bleds que l'on y mettroit n'y prendroient aucun mauvais goût & seroient d'une très grande ressource dans un long Siége ; ils y seroient même hors d'insulte de tous les animaux qui les détruisent comme rats, ſouris, charençons &c. Il eſt bon de remarquer que quand on entame un de ces greniers, il faut le vider tout entier & promptement, pour ne point donner le tems à l'air de le ſurprendre & de l'échauffer; mais comme ces ſortes de greniers ne ſont point en uſage en Europe, & que peu de gens voudront en faire la dépenſe, diſons la maniere d'empêcher les rats & les ſouris d'entrer dans les greniers ordinaires où ils mangent tout au moins la trentiéme partie des grains dans le cours d'une année, quand on ne travaille pas à les détruire.

Je ſuppoſe que les greniers bien faits ſont carrelés ou du moins plâtrés, & les murs crépis à chaux : s'ils étoient de plâtre, ils en coûteroient moins, parceque la conſommation d'aſphalte ne ſeroit pas ſi grande : pour les armer contre ces petits animaux, il ſuffiroit de cimenter tout le tour du grenier en haut & en bas environ quatre doigts à l'endroit où les murs joignent les planchers. Pour que l'enduit ſe faſſe plus facilement, il faut mettre une partie de poix contre cinq parties de mine pure d'aſphalte : cette mixtion le rend plus fluide, & on peut l'étendre avec une broſſe de léton fin ; on verra que non ſeulement les ſouris ne paſſeront point au travers, mais même qu'elles n'en approcheront pas : tant l'aſphalte leur eſt contraire : c'eſt ce qui a été éprouvé depuis quelques années dans pluſieurs greniers de la Suiſſe & de la Comté de Neufchatel : il y en a même qui ne ſont que de poutres de ſapin enchaſſées les unes avec les autres par les bouts aux quatre angles des greniers : l'enduit que l'on a fait ſur ces pieces de bois en dedans & en dehors y a fait deux biens ; les ſouris n'en ont point approché, & les bois ſont garantis de la pouriture & de la picqueure des vers.

Ce ciment préparé de la maniere que je viens de le dire avec la ſixiéme partie de poix eſt merveilleux ſur le bois : & voici les occaſions où il ſera le plus utile : en enduiſant les bouts des poutres & ſolives, on les garantira de la pouriture, & on les empêchera de s'échauffer dans la muraille, ce qui arrive toûjours quand elles sont posées sur la chaux ou sur le plâtre.

Des palissades enduittes de cette façon seroient incorruptibles : il faudroit seulement observer de faire les trous avant que de les planter : on les rempliroit avec de la terre après les avoir placées dans leur à-plomb, car si on les frappoit pour les faire entrer de force, le ciment se casseroit ou s'useroit par l'effort & par le frottement; je crois même qu'il suffiroit d'enduire le bout destiné à être fiché dans terre, & un demi-pied au dessus, qui est l'endroit où'le bois pourit ordinairement, se trouvant très souvent mouillé & couvert de bouë par le jaillissement de l'eau de la pluye, & exposé à la secheresse qui survient après.

L'on épargneroit considérablement si l'on faisoit à tous les bâtimens des goutieres & faîtieres de bois gaudronées de la sorte, les faîtes & les murs en seroient moins chargés. Il sera facile présentement de conserver les murs mitoyens placés à l'égout de deux toits en enduiſant le deſſus de ces murs de bon ciment de l'épaiſſeur d'un tiers de pouce, en y laiſſant aſſez de concavité pour recevoir l'eau de la plus forte pluye & aſſez de pente pour la fuite; on épargneroit le plomb, & le mur; & les toits ſeroient ſi bien joints qu'il ne filtreroit pas une goute d'eau au travers du mur, comme il arrive tous les jours malgré les goutieres de plomb.

On peut aiſément avec le ciment d'aſphalte faire une terraſſe ſur toute la ſuperficie d'une maiſon ſans beaucoup de dépenſe; & voici comme je m'y prendrois, ſi je faiſois bâtir. Je ferois mon dernier plancher un peu plus ſolide que les autres: j'y ferois une bonne aire de ciment ordinaire, ou ſeulement de chaux & de ſable: quand mon aire ſeroit bien ſeche, ou j'y ferois un enduit d'un demi-pouce de ciment d'aſphalte auquel je donnerois une pente inſenſible pour la fuite de l'eau, & je le ſablerois legerement de ſable bien fin; ou je la ferois carreler avec des carreaux ordinaires, ou en compartiment, mettant du ciment d'aſphalte en place de mortier; je puis aſſurer qu'il n'y pénétreroit jamais une goutte d'eau: dans ce cas là je ferois mon ciment avec la dixiéme partie de poix; s'il arrivoit quelques fentes par la foibleſſe ou le travail des bois, elles ſeroient aiſées à réparer en y mettant un peu de ciment dans l'ouverture, & l'uniſſant avec le fer rouge, ou ſimplement en y paſſant une loupe de plombier.

Le ciment qui ſe vend dans Paris tout préparé s'eſt trouvé trop groſſier pour les marbriers, parce qu'il n'a été fait que dans l'intention de réünir les pierres, & d'empêcher l'eau de paſſer; mais je ſuis perſuadé que s'ils mêloient une partie de poix de Bourgogne avec neuf parties de mine toute pure bien pilée & tamiſée, ils en auroient toute la ſatisfaction poſſible, & feroient leurs joints auſſi fins qu'ils voudroient. La premiere épreuve que j'ai faite ſur le marbre chez M. Darlet Marbrier du Roi, quoiqu'elle n'ait pas réüſſi parfaitement, ne m'a pas fait perdre toute eſpérance : car les marbres que j'avois fait réünir avec mon ciment groſſier ne ſe ſont pas déſunis, quoique l'on ait rétaillé & coupé juſqu'au joint: ce n'a été qu'à force de frapper & de les jetter même par pluſieurs fois ſur le pavé qu'on les a ſéparés, non pas toutefois ſans emporter quelques morceaux de marbre.

Il eſt aiſé à tout le monde de faire une expérience très curieuſe avec l'aſphalte : il faut le bien broyer & tamiſer comme nous venons de le dire, y mettre la dixiéme partie de poix blanche, fondre l'un & l'autre dans une chaudiere de fer, & enſuite en former un vaſe de telle grandeur qu'on voudra : il eſt facile de le faire, parceque l'aſphalte eſt maniable tant qu'il ſent de la chaleur : on pouroit même le mouler dans un moule de fer ou d'airain, ſans craindre que l'aſphalte y reſtât attaché, pourvû que le moule ſe pût ouvrir en trois parties égales, & & que l'on en fit la ſéparation avant qu'il fût tout à fait refroidi : ſi le noyau

étoit

étoit de bois, il faudroit le laiſſer tremper dans l'eau un jour auparavant, & qu'il fut encore humide quand on couleroit l'aſphalte. Ce vaſe formé comme nous venons de le dire, ſe polira ſans peine avec un fer rouge : le dernier poli s'y fait à froid comme ſur le marbre avec la pierre de ponce &c. L'on peut concevoir que l'on ne verroit point, pour ainſi dire, la fin de ce vaſe : car s'il vient à ſe caſſer, on le réjoindra au feu avec le fer chaud ſans qu'il y paroiſſe la moindre feſlure : j'en ai fait un avec ſon couvercle ; je l'ai rempli d'eau ſalée, & ſuis certain qu'il n'en a pas tranſpiré la moindre goute: c'eſt ce qui m'a convaincu de la force de ce ciment dans l'eau, & de l'utilité que l'on en peut tirer pour la marine, en en faiſant du gaudron : il eſt vrai que j'avois ſoudé parfaitement le couvercle au vaſe.

Je ſuis prêt à faire en France, quand on le jugera à propos, l'expérience de ce gaudron ſur un vaiſſeau deſtiné à un voyage de long cours : comme je ne doute point que l'on ne m'objecte les riſques que l'on coureroit dans un vaiſſeau, qui auroit été mal gaudronné (quoique je puiſſe donner des preuves de ſa bonté par une atteſtation de la République de Hollande) l'épreuve que je me propoſe d'en faire ne ſera nullement dangereuſe; le gouvernail d'un bâtiment que j'en ferai enduire me ſervira d'épreuve: c'eſt la partie du vaiſſeau la plus expoſée aux coups de mer, & les vers peuvent l'attaquer des deux côtés. Ce gaudron de la maniere que je le ferai préparer ſera aiſé à appliquer: il ſera pliant & cependant très lice, & il ne ſera pas poſſible aux vers d'endommager les bois qui en ſeront enduits. Si le ſuccès répond à mon eſpérance, quels avantages n'en tirera-t'on pas pour la marine! je crois même que l'on ne ſera pas obligé d'eſpalmer un vaiſſeau gaudronné d'aſphalte, il coulera également ſur l'eau, & ne ſe chargera pas de coquillage. Ce que j'avance ici eſt fondé ſur les conſéquences que j'ai tirées de pluſieurs épreuves faites en Hollande; mais ce que je puis aſſurer eſt que les rats & les ſouris ne pourroient vivre dans un vaiſſeau qui ſeroit aſphalté en dedans comme en dehors, rien ne leur étant plus contraire que l'aſphalte, comme je l'ai déja dit : ſon odeur prédominante tuë tous les inſectes : j'en donnerai ci-après une preuve authentique dans un certificat de M. le Blanc Miniſtre de la guerre, où chacun pourra voir ce qui a été fait par ſes ordres à l'Hôtel Royal des Invalides. Non ſeulement l'huile qui ſe tire de la pierre d'aſphalte tuë les punaiſes & leurs graines, quand on en frote les fentes & les trous où elles ſe retirent, mais même la fumée qui ſort de cette pierre, quand on la fait calciner ſur le feu dans une cuilliere de fer, ſuffit pour les détruire. Avant de faire le parfum d'aſphalte de la maniere que je viens de le dire, il faut bien fermer les portes & les fenêtres pour que la fumée ne ſorte pas d'abord & qu'elle puiſſe pénétrer dans tous les plis des rideaux & ouvertures du bois de lit & autres : les punaiſes qui ſe trouveront enveloppées dans cette fumée épaiſſe enfleront & creveront d'abord, il ne faut qu'un quarteron d'aſphalte pur pour les détruire dans la plus grande chambre : cette fumée ne gâte ni la dorure, ni les meubles, & elle eſt auſſi bienfaiſante à l'homme qu'elle eſt contraire aux inſectes : il ſuffit de tenir les portes & les fenêtres fermées pendant une demie-heure.

Ce parfum d'aſphalte eſt excellent pour ſoulager une perſonne attaquée d'un rume de cerveau ou d'une fluxion dans la tête : je pourois citer un nombre infini de gens qui s'en ſont parfaitement bien trouvés : il n'en coûtera rien pour ſe parfumer de cette ſorte, car on fait du ciment de ce qui reſte dans la cuilliere quand la pierre ceſſe de fumer. Comme il eſt conſtant que l'aſphalte détruit les plus mauvaiſes odeurs, je le crois propre pour diſſiper le mauvais air : je ſuis très perſuadé que dans des maladies contagieuſes on pourroit s'en préſerver en ſe parfumant & toute ſa maiſon : je ne dirai point ici les raiſons qui m'engagent à le croire, de crainte d'avoir à répondre à nombre de personnes qui pourroient penser autrement que moi sur ce qui arrive dans ce malheureux cas là. Je sçai que bien des gens prétendent que le venin est dans les nouritures que l'on prend ; d'autres que c'est une corruption qui est dans l'air ; il y en a aussi qui croyent que la peste n'est autre chose que de petits insectes imperceptibles, trèsmultiplians, qui se communiquent d'une certaine distance & dont la graine se transporte dans des marchandises plûtôt que dans d'autres, y en ayant de plus propres à la conserver, même à la faire éclore : étant du sentiment de ces derniers, douterois-je un moment de la bonté de l'asphalte dans ces tems d'affliction ? & ne serois-je pas convaincu que l'on pourroit non seulement se préserver & se guérir, mais même purifier si bien les meubles, hardes, marchandises &c. ayant appartenus à des pestiferés, ou venant des lieux affligés, que l'on n'auroit plus absolument rien à craindre ?

N'ayant point envie de me rien réserver de la connoiſſance que j'ai des vertus de l'aſphalte, je me fais un plaiſir de donner au public un petit memoire exact de la maniere dont il ſe faut ſervir du baume d'aſphalte dans les differentes playes ou maladies des hommes & des bêtes : je ne dirai rien que ce que j'ai vû & éprouvé moi-même, & dont pluſieurs perſonnes dignes de foi peuvent rendre témoignage. Je commencerai par mettre ici tout au long l'atteſtation de M[rs]. Morand pere & fils Chirugiens Majors de l'Hôtel Royal des Invalides, que M. le Blanc Miniſtre de la guerre a bien voulu authoriſer de ſon certificat.

Proprietés de l'huile d'Aſphalte ſuivant les experiences faites à l'Hôtel Royal des Invalides.

L'Application de l'huile d'Aſphalte employée vers la fin de l'année 1720. aux infirmeries dudit Hôtel ſur pluſieurs ſujets & differentes parties, a fait connoître que cette huile a d'excellentes proprietés pour plusieurs maladies.

1°. Cette huile a paru specifique pour les excoriations dartreuses à la peau, les herpes avec croutes & démangeaisons qui succedent assez souvent aux écoulemens des sérosités, aux dartres & autres impressions à la peau de même caractere; ausquels cas il suffit de frotter la partie affligée une fois le jour jusqu'à parfaite guérison; observant si les dartres sont vives, de les laver avec suc de cresson d'eau avant d'appliquer l'huile.

2°. Elle est propre à déterger les ulceres avec pouriture, & les dispose à la cicatrice. Lorsqu'on l'employe à cette intention, il faut joindre aux onctions que l'on en fait sur les ulceres, un onguent fait de cette même huile fonduë au bain marie avec beurre frais & cire vierge en suffisante quantité pour lui donner une consistance de cérat, & en couvrir un morceau de linge proportionné à la grandeur de l'ulcere.

3°. Quoique les matieres grasses ne

conviennent point ordinairement aux douleurs de Rhumatiſmes, que l'on ſoulage bien mieux par les liqueurs pénétrantes propres à ouvrir les pores & faciliter la tranſpiration ; cependant l'huile d'aſphalte dans le cas d'un Rhumatiſme douloureux & ancien, a plus conſidérablement ſoulagé, que pluſieurs autres remedes que l'on avoit employés auparavant : elle a auſſi diſſipé une douleur qu'une attaque de goute avoit laiſſée à un genoüil ; nous ne pouvons citer qu'une expérience ſur chacune de ces deux maladies.

4°. Les avantages que l'huile d'aſphalte a procurés dans les maladies cutanées qui ont été énoncées précedemment nous font croire qu'elle pourroit convenir contre la gale & la teigne.

5°. Il eſt hors de doute que cette huile eſt ennemie des inſectes, tels que punaiſes, araignées &c. Il eſt aiſé de de s'en convaincre en faiſant autour d'un de ces inſectes un cercle d'un travers de doigt tracé avec un pinceau imbibé de cette huile, & remarquant l'embaras & l'agitation de ces petits animaux emprisonnés dans le rond : elle les tuë lorsqu'on en frotte les fentes & les trous où ils se retirent, en faisant en même tems le parfum de la pierre d'asphalte.

6°. Le parfum que nous avons fait dans plusieurs chambres avec des morceaux de la pierre d'asphalte dans une cuilliere de fer très chaude & tenuë sur un brasier n'est pas insuportable : quoique la pierre soit assez dure à casser, elle se brise facilement lorsqu'elle sent la chaleur : ce qui prouve qu'elle abonde en huile visqueuse, dont la fusion fait désunir les parties de terre qu'elle lioit auparavant : enfin la fumée qu'elle donne, quoique très épaisse & fort noire, ne paroît pas préjudiciable à la tête ni à la poitrine, à moins qu'on ne fût mal disposé, & son odeur prédominante est capable d'éfacer les plus mauvaises.

NOUS Soussignés Chirurgiens Majors de l'Hôtel Royal des Invalides certifions le présent Memoire conforme aux expériences que nous avons faites de l'huile d'asphalte par ordre de Monseigneur le Blanc Secretaire d'Etat & de la Guerre, & Administrateur Général dudit Hôtel Royal des Invalides. Fait ce 6. Juillet 1721. Signé MORAND & MORAND fils.

Vû par nous Secretaire d'Etat ayant le département de la Guerre, Directeur Général de l'Hôtel Royal des Invalides. Signé LE BLANC.

Outre les usages que ces Messieurs ont trouvé que l'on pouvoit faire du baume d'asphalte, j'ai reconnu plusieurs autres propriétés par les diverses expériences que j'en ai faites: j'en ferai ici le détail.

Pour les Engelures.

IL faut mettre huit ou dix goutes d'asphalte dans une cuillerée de vin chaud, & en frotter l'engelure matin & soir jusqu'à parfaite guérison: ceci est pour les engelures qui ne sont que rouges & qui causent une démangeaison insupportable à la peau; si elles étoient ouvertes, il faudroit y appliquer l'huile pure après l'avoir fait tiédir, & laver la playe deux fois par jour avec de l'eau de plantin.

Il en est de même des dartres vives, à la réserve que l'on les lave avec du suc de cresson d'eau.

Si l'on avoit un chancre à panser, j'entend de ceux où il n'y a point de virus; il seroit necessaire de bien nettoyer la plaie avec de l'eau de plantin avant d'y appliquer le baume. Le soir, c'est-à-dire douze heures après ce premier appareil, il faudra le bassiner avec des herbes vulneraires, comme véronique, bétoine, centaurée, verge d'or, pied de lion &c. que l'on fait boüillir dans du vin : on se sert alternativement d'eau de plantin & de vin vulneraire pour purifier la playe avant que de l'oindre de beaume : M. d'Eyrinys en a guéri un qu'un paysan du canton de Fribourg avoit à la bouche depuis plus d'un an : il lui avoit déja mangé une bonne partie de la lévre inférieure; mais comme il avoit le sang très scorbutique & que les gencives mêmes étoient attaquées, il le fit ſaigner trois ou quatre fois, & tous les jours il prenoit ſept ou huit goutes d'aſphalte rectifié avec l'eſprit de ſel dans un verre de vin. Rien n'eſt comparable à cet aſphalte rectifié pour purifier la maſſe du ſang : on en prend depuis huit juſqu'à quinze goutes. Une perſonne qui ſeroit attaquée de la peſte ſe ſauveroit, je crois, avec ce remede. Quand on en prend plus de quinze goutes, il fait vomir : dix goutes ſuffiſent pour chaſſer les vers : il faudroit diminuer la doze pour un enfant ſuivant ſa force & ſon âge.

Comme ce baume eſt ennemi des inſectes & de la pourriture, je le crois ſouverain ſans être rectifié pour panſer les charbons des peſtiferés : il faudroit avoir la précaution de faire l'ouverture grande, afin que le beaume y pût faire ſon effet promptement & ne pas laiſſer le temps au venin de rentrer dans le corps.

Il eſt auſſi très bon pour les playes récentes comme piquures, coupures &c. tant pour les hommes que pour les animaux : j'en ai fait l'épreuve plusieurs fois pour des encloueures : il suffit d'y insinuer de l'asphalte pur & tiede, d'abord que l'on aura tiré le clou : il est sûr que s'il n'y a point de nerfs offensés, le cheval ne boitera pas, & il ne s'y formera point de matiere : il est bon de le laisser réposer au moins une journée ou deux.

Pour la Gale.

POur guérir la gale aux hommes, il suffit d'enduire les poignets avec du baume d'aspalte pur, & que le malade les frotte l'un contre l'autre, afin que le baume puisse pénétrer le cuir : il n'y auroit pas de mal d'en mettre aussi aux endroits où la gale pousse avec le plus de violence : si c'étoit une gale invéterée, il faudroit faire purger le malade & lui faire prendre de l'asphalte rectifié huit ou dix goutes par jour pendant une huitaine (ce baume fera le même effet pour la teigne) : j'en ai donné à plus de trente personnes pour la gale : ils en ont été guéris.

Il guérit pareillement les chiens en leur en frottant ſeulement à la tête : il eſt bon de leur en faire avaler une cuillerée le premier jour que l'on les panſera : j'en ai fait donner par précaution à trois chiens dans le tems que tous les autres périſſoient de la rage muë : cela les a purgés, & ils ont été ſauvés par ce ſeul remede.

Pour le Claveau des Moutons.

IL eſt aiſé de ſauver un troupeau attaqué du claveau, quoique cette maladie les emporte ordinairement tous : il faut frotter la tête des moutons avec le baume d'aſphalte, & leur en faire avaler à chacun une cuillerée : ce remede a été éprouvé par Mr. Daffry ancien Gouverneur de Neufchatel, Conſeiller d'Etat de la Ville & Canton de Fribourg.

L'emplâtre d'aſphalte fait avec cire vierge & beure frais, de la maniere qu'elle eſt décrite dans l'Atteſtation de Mrs. les Chirurgiens Majors des Invalides, ſert très utilement pour les chevaux & bêtes à cornes, quand il leur ſurvient quelque enflure ſoit par les piquures des bêtes venimeuſes, ſoit par de vieilles bleſſures mal-guéries, ou par des foulures : s'il y a playe, il faut l'oindre avec le baume, & mettre l'emplâtre deſſus.

Il arrive quelquefois que par négligence ou autrement, les ongles des pieds, principalement ceux des orteils entrent dans la chair & y cauſent des douleurs exceſſives, qui ſont même très long-tems à guérir. Mr. Wallier Capitaine des Arquebuſiers, fils d'un Conſeiller du Canton de Soleure en étoit incommodé depuis pluſieurs années, il avoit déja perdu une partie de l'orteil, & il y avoit pouriture quand il s'eſt ſervi du baume d'aſphalte & de l'emplâtre : dès le premier jour qu'il en mit, il ſentit beaucoup de ſoulagement, & même la mauvaiſe odeur qu'avoit déja la playe ſe diſſipa entiérement : en quinze jours il a été abſolument guéri.

Je n'ai point fait d'autres expériences de ce baume qui méritent d'être citées.

On trouvera de ce baume, du ciment, & de la mine pure d'asphalte, chez le sieur Béni dans la maison de Mr. Hullin Avocat au Parlement, ruë S. Jean de Beauvais vis-à-vis le College; & on en vendra en détail chez le sieur Asselin Marchand Epicier ruë Montmartre au dessous de la ruë de la Jussiénne, & chez le sieur Didon aussi Marchand Epicier, ruë S. Jacque vis-à-vis la ruë des Mathurins.

FIN.

ARREST DU CONSEIL D'ETAT du Roy, qui permet au sieur de la Sablonniere de faire entrer dans le Royaume, de la Mine de Pierre d'Asphalte préparée & non préparée, & l'huile qui se tire de cette Pierre.

Du 21. Février 1720.

Extrait des Registres du Conseil d'Etat.

SUR ce qui a été réprésenté au Roy, étant en son Conseil, par le sieur de la Sablonniere, qu'on a découvert depuis quelques années dans le Comté de Neufchatel en Suisse, une Mine de Pierre d'Asphalte pareille à celle qui se trouve dans la Vallée de Sydim en Asie prés Babilone, dont les proprietez sont que cette Mine préparée avec d'autres matieres forme un Ciment à toute épreuve, soit pour les Bâtimens exposez à l'air, même les Greniers & les Caves sujettes à l'eau, soit pour les Bassins & les Canaux, & pour empêcher par la jonction parfaite des Pierres, la communication des Latrines avec les Puits; que par un autre mélange dans lequel il entre de l'huile tirée de la Pierre même, elle sert à enduire les Vaisseaux: que cet enduit conserve les bois, les garantit des vers, & résiste beaucoup plus long-temps que le Bray & le Godron aux impressions de l'eau douce & salée: que l'huile même a des vertus particulieres, & qu'elle est excellente pour la guérison des Ulceres, & de toutes les maladies qui surviennent à la peau: que celui qui a fait la découverte de cette Mine, & qui en est le Proprietaire lui ayant cedé son droit, il réqueroit qu'il plût à Sa Majesté lui accorder la permission de faire entrer dans le Royaume par Terre & par Mer, sur ses

Certificats ou ceux des personnes qui seront par lui préposées, la Pierre de cette Mine cuite & non cuite, préparée & non préparée, & l'huile tirée de cette Pierre, pendant le temps de vingt années, à commencer au premier Mars prochain, sans payer aucuns droits aux Bureaux des Fermes établis aux Entrées, & dans l'intérieur du Royaume, & de les faire vendre & débiter par telles personnes que bon lui sembleroit. Et Sa Majesté faisant attention à l'utilité que pourra produire à ses sujets l'usage de cette Mine, dont il a été fait diverses expériences. Oüy le rapport. LE ROY ETANT EN SON CONSEIL, de l'avis de Monsieur le Duc d'Orleans Regent, a permis & permet audit sieur de la Sablonniere de faire entrer dans le Royaume pendant le temps de dix années, à commencer au premier Mars prochain, sur des Certificats signez de lui, telle quantité que bon lui semblera, de la Mine de Pierre d'Asphalte cuite ou non cuite, préparée & non préparée, & l'huile tirée de cette Pierre, sans payer aucuns droits aux Bureaux des Fermes établis aux Entrées, & dans l'interieur du Royaume; comme aussi lui permet Sa Majesté de faire vendre & débiter lesdites Pierres, Ciment, Godron & Huile d'Asphalte par telles personnes que bon lui semblera, sans qu'elles puissent être inquietées par les Marchands ou autres par raison de ladite vente; & seront sur le présent Arrest toutes Lettres nécessaires expediées. FAIT au Conseil d'Etat du Roy, Sa Majesté y étant, tenu à Paris le vingt-uniéme jour de Février mil sept cens vingt.

Signé PHELYPEAUX.

POUR LE ROY. { *Collationné à l'Original par Nous Ecuyer, Conseiller-Secretaire du Roy, Maison-Couronne de France & de ses Finances.*

DAVID.

CATALOGUE

Des Livres qui ſe trouvent chez PHILIPPE-NICOLAS LOTTIN, Libraire à Paris, ruë S. Jaque, proche S. Yves, à la Verité, 1722.

CAROLI VUITASSE, *Doctoris ſacræ Facultatis Pariſienſis, Socii Sorbonici, regiique Theologiæ Profeſſoris tractatus*,

— *De Deo ejuſque proprietatibus*, 3. vol. in 12.

— *De Trinitate*, 2. vol. in 12.

— *De Incarnatione*, 2. vol. in 12.

— *De Euchariſtia*, 2. vol. in 12.

— *De Pœnitentia*, 2. vol. in 12.

— *De Ordine*, 2. vol. in 12.

Alii Tractatus ſub prelo.

Le N. Teſtament de N. S. Jeſus-Chriſt, nouvellement traduit en François ſelon la Vulgate, *in* 12.

L'Imitation de Jeſus-Chriſt.

Le Concile de Trente, traduit en François.

Le Catechiſme du Concile de Trente, en François.

Les Pſeaumes & les Cantiques nouvellement traduits par feu M. de Choiſeul, Evêque de Tournay, *in* 12. *&* *in* 18.

Prieres & Inſtructions Chrétiennes, dans leſquelles ſe trouve renfermé tout ce que la Religion veut que nous croïïons, que nous pratiquions & que nous demandions avec les Offices de l'Egliſe à l'uſage de Rome & de Paris, *in* 12.

Manuel Chrétien pour toutes ſortes de perſonnes, ou Heures nouvelles à l'uſage de Rome & de Paris, *in* 12. *&* *in* 18.

Heures de Port-Royal, *in* 8. *in* 12. *&* *in* 18.

Heures du P. Maupin, *in* 32.

L'Office de la Semaine Sainte.

Epitres & Evangiles des Dimanches & des Fêtes de toute l'année, avec de courtes reflexions.

Figures de la Bible, ou Hiſtoire du vieux & du nouveau Teſtament, par M. de Royaumont, *in* 12.

Introduction à l'Ecriture Sainte, par le P. Lamy.

Histoires choisies de l'ancien & du nouveau Testament, *sous presse*.

Défense de la Religion Catholique contre tous ses ennemis, par ses veritables principes, dans trois Entretiens; avec une Réponse à une Lettre de M. Pictet, Ministre de Geneve; par M. Le Vasseur, *Seconde édition*.

Instructions courtes & familieres sur les Evangiles des Dimanches & des principales Fêtes de l'année, en faveur des Pauvres, & principalement des gens de la Campagne, par M. Lambert, Docteur de Sorbonne, *in* 12.

La Maniere d'instruire les Pauvres, & principalement les Gens de la Campagne, par le même Auteur.

Les Ordinations des Saints, ou, la maniere dont les Saints sont entrés dans les Ordres sacrés ou sont parvenus aux Dignités de l'Eglise, par le même Auteur.

Ouvrages de saint Augustin traduits en François par Monsieur Arnaud Docteur de Sorbonne.

— Des mœurs de l'Eglise,

— De la véritable Religion,

— De la Foi, de l'Esperance, & de la Charité,

— De la Correction & de la Grace.

— Commentaire sur le Sermon de Jesus-Christ sur la montagne.

— De la Maniere d'enseigner &c.

— De la nature du bien.

Les Confessions de S. Augustin abregées.

Traité du Sacerdoce, de S. Chrysostome.

Pensées utiles & salutaires pour se préparer à la mort, *in* 24.

Projet d'un nouveau Breviaire, avec la Critique de tous les Breviaires qui ont paru jusqu'à present, *in* 12.

Cas de conscience sur l'Ivrognerie, décidé par Messieurs les Doyen, Syndic & Docteurs de la Faculté de Theologie de Paris.

Cas de conscience sur le Jeûne du Carême, décidé par les Docteurs de la même Faculté.

Cas de conscience sur les Danses, décidé par les Docteurs de la même Faculté.

La vie de Jesus-Christ dans l'Eucharistie, & la vie des Chrétiens qui se nourissent dans l'Eucharistie, par M. Girard, Abbé de Villethierri.

— La vie des Vierges, par le même.

— La vie des Gens mariés, par le même.

— La vie des Veuves, par le même.

— De la vocation à l'Etat Ecclesiastique, par le même.

De la Singularité des Clercs, ou de l'obligation où sont les Ecclesiastiques de vivre séparés des femmes, traduit de l'Original Latin qui se trouve parmi les Oeuvres de S. Cyprien

Dissertation sur l'Ordination des Evêques en Angleterre, depuis le changement de Religion arrivé en cette Isle.

Méditations sur la Vie de Notre-Seigneur Jesus-Christ selon l'ordre historique & la concorde des quatre Evangelistes, avec des reflexions de pratique tirées des saintes Ecritures & des Saints Peres. *Sous presse*

Conferences sur les Epitres & les Evangiles des Dimanches & des principales Fêtes de l'année, en faveur des Religieuses. *Sous presse.*

Suite des Conferences de Luçon, sur la Priere, 2. vol.

Conferences Ecclesiastiques du Diocese de la Rochelle, *in* 12.

Pratique touchant l'Administration du Sacrement de Penitence, imprimée par l'ordre de M. l'Evêque de Verdun, in 12.

Les Caracteres des vrais Chrétiens.

Analyses du P. Mauduit, *in* .

De l'unité de l'Eglise par M. Nicole, *in* 12.

Instructions theologiques & morales sur l'Oraison Dominicale, le Symbole, les Sacremens, & le Decalogue, par M. Nicole, *in* 18. *sous presse.*

Jugemens des Savans par M. Baillet. *Sous presse.*

Lettres Pastorales de M. l'Evêque d'Arras sur la Pénitence.

Instruction du Confesseur, par le P. Seigneri.

Instruction du Penitent, par le même.

Instruction de la Jeunesse, par M. Gobinet.

Idée de la Morale Chrétienne, tirée des propres paroles des Peres de l'Eglise, 2. vol. *in* 12.

Morale Chrétienne tirée des Ouvrages des Peres de l'Eglise, en Latin & en François, 2. vol. *in* 12.

Meditations pour tous les jours de l'année, tirées des Evangiles qui se lisent à la Messe, par un Religieux Benedictin, in 4.

Meditations de M Feydeau, *in* 12.

Perpetuité de la Foi, 3 vol. *in* 4.

Dictionnaire de la Bible, de M. Huré.

Dictionnaire de Richelet.

La Science du Salut, *in* 12.

Prieres de Laval.

Lettres de pieté de l'Abbé de la Trappe, 3. vol. *in* 12.

Réflexions de l'Abbé de la Trappe sur les quatre Evangiles, 4. vol. *in* 12.

De la frequente Communion, par M. Arnaud.

Tradition de l'Eglise touchant l'Eucharistie, par le même.

Education, Maximes & Reflexions de M. de Moncade.

Histoire de France par Mezerai, *in* 12. *&* *in* 4.

Traités de l'équilibre des Liqueurs & de la pesanteur de l'air, par M. Pascal.

Traité d'Optique sur les reflexions, refractions, inflexions & couleurs de la Lumiere, par le Chevalier Newton, traduit de l'Anglois par M. Coste.

Experiences de Physique, par M. Polyniere.

Dissertation sur l'Asphalte ou Ciment naturel, découvert depuis peu, avec la maniere de l'employer sur la pierre & sur le bois, & les utilités de l'huile que l'on en tire.

Il se trouve chez le même Libraire plusieurs autres Livres de devotion, de belles Lettres, d'Histoire, &c.

PRIVILEGE DU ROY.

LOUIS par la grace de Dieu Roi de France & de Navarre, à nos amez & feaux Conseillers les gens tenant nos Cours de Parlement, Maîtres des Requêtes ordinaires de notre Hôtel, grand Conseil, Prevôt de Paris, Baillifs, Sénechaux, leurs Lieutenans Civils, & autres nos Justiciers qu'il appartiendra, Salut. Notre bien amé PHILIPPE NICOLAS LOTTIN, Libraire à Paris, Nous ayant fait supplier de lui accorder nos Lettres de Permission, pour l'impression d'un Ouvrage qui a pour titre, *Dissertation sur l'Asphalte, ou Ciment naturel*, qu'il souhaiteroit faire imprimer & donner au Public. Nous avons permis & permettons par ces Presentes audit LOTTIN, de faire imprimer ledit Livre en telle forme, marge, caractere, conjointement ou séparement, & autant de fois que bon lui semblera, & de le vendre, faire vendre & debiter par tout notre Royaume pendant le tems de trois années consécutives, à compter du jour de la datte desdites Presentes. Faisons défenses à tous Libraires, Imprimeurs & autres personnes de quelque qualité & condition qu'elles soient, d'en introduire d'impression étrangere dans aucun lieu de notre obéïssance. A la charge que ces Presentes seront enregistrées tout au long sur le Registre de la Communauté des Libraires & Imprimeurs de Paris, & ce dans trois mois de la datte d'icelles, que l'impression de ce Livre sera faite dans notre Royaume & non ailleurs, en bon papier & en beaux caracteres, conformément aux Reglemens de la Librairie; & qu'avant que de l'exposer en vente, le Manuscrit ou Imprimé qui aura servi de copie à l'impression dudit Livre, sera remis dans le même état où l'Approbation y aura été donnée, ès mains de notre très-cher & feal Chevalier Chancelier de France le sieur

Daguesseau, & qu'il en sera ensuite remis deux exemplaires dans notre Bibliotheque publique, un dans celle de notre Château du Louvre, & un dans celle de notre très-cher & feal Chevalier Chancelier de France le sieur Daguesseau ; le tout, à peine de nullité des Presentes. Du contenu desquelles vous mandons & enjoignons de faire joüir l'Exposant ou ses ayans-causes, pleinement & paisiblement, sans souffrir qu'il leur soit fait aucun trouble ou empêchemens. Voulons qu'à la Copie desdites Presentes qui sera imprimée tout au long au commencement ou à la fin dudit Livre, foy soit ajoûtée comme à l'original. Commandons au premier notre Huissier ou Sergent de faire pour l'execution d'icelles tous actes requis & necessaires, sans demander autre permission, & nonobstant Clameur de Haro, Chartre Normande, & Lettres à ce contraires : Car tel est nôtre plaisir. Donné à Paris le quatriéme jour du mois de Septembre mil sept cens vingt-un, & de notre Regne le septiéme.

Par le Roy en son Conseil,
CARPOT.

Registré sur le Registre IV. de la Communauté des Libraires & Imprimeurs de Paris, page 776. *num.* 843. *conformement aux Reglemens. & notamment à l'Arrest du Conseil du* 13. *Aoust* 1703. *A Paris, le* 11. *Septembre* 1721.

Signé, DELAULNE, *Syndic*.

www.ingramcontent.com/pod-product-compliance
Ingram Content Group UK Ltd.
Pitfield, Milton Keynes, MK11 3LW, UK
UKHW021949260726
13994UKWH00004B/1623